Sabina Singh (Shrestha)

Algumas plantas de Compositae do Parque Nacional de Shivapuri Nagarjun, Nepal

Sabina Singh (Shrestha)

Algumas plantas de Compositae do Parque Nacional de Shivapuri Nagarjun, Nepal

ScienciaScripts

Imprint

Any brand names and product names mentioned in this book are subject to trademark, brand or patent protection and are trademarks or registered trademarks of their respective holders. The use of brand names, product names, common names, trade names, product descriptions etc. even without a particular marking in this work is in no way to be construed to mean that such names may be regarded as unrestricted in respect of trademark and brand protection legislation and could thus be used by anyone.

Cover image: www.ingimage.com

This book is a translation from the original published under ISBN 978-613-4-92043-8.

Publisher:
Sciencia Scripts
is a trademark of
Dodo Books Indian Ocean Ltd. and OmniScriptum S.R.L publishing group

120 High Road, East Finchley, London, N2 9ED, United Kingdom
Str. Armeneasca 28/1, office 1, Chisinau MD-2012, Republic of Moldova, Europe
Printed at: see last page
ISBN: 978-620-8-09829-2

Conteúdo

Introdução

O Nepal é um país predominantemente montanhoso. O reino do Nepal ocupa o sector central dos Himalaias, que se estende de leste a oeste por cerca de 900 km (Mani 1984). Os Himalaias do Nepal representam a zona de transição entre os dois ambientes diferentes dos Himalaias orientais e ocidentais (Shani 1981, Shrestha e Joshi 1996). As colinas e montanhas ocupam mais de 78% da área geográfica total do Nepal. Apresenta diferenças topográficas extremas (70 m a 8.848 m) e abrange quase todas as zonas climáticas do mundo, o que resultou numa variabilidade habitual na composição da vegetação (Hagen 1960). No Terai e no Bhabar, o clima é tropical e subtropical, enquanto no centro é temperado. A região dos Himalaias interiores e exteriores, bem como as terras marginais do Tibete, contêm tipos de vegetação subalpina e alpina.

A biodiversidade do Nepal é importante tanto do ponto de vista da riqueza de espécies como da diversidade de habitats e ecossistemas (HMGN/MFSC 2002). Embora o Nepal partilhe 0,1% da superfície terrestre total do mundo, alberga 2% das plantas com flor do mundo, incluindo 5% de flora endémica (Shrestha 1998). O Nepal ocupa a décima posição em termos de riqueza de diversidade de plantas com flores na Ásia (BPP 1995). O Nepal possui cerca de 6.200 espécies de plantas vasculares, 5% das quais são endémicas do Nepal e 30% endémicas dos Himalaias no seu conjunto (Press *et al.* 2000).

O conhecimento da vegetação e da flora de qualquer região é essencial para o estudo da biodiversidade e do ambiente. A flora cientificamente preparada de qualquer parte do país pode apoiar fortemente diferentes actividades de investigação e desenvolvimento de toda a nação. De um modo geral, as floras locais são muito mais valiosas do que as de áreas maiores porque as explorações podem ser efectuadas de forma intensiva para as primeiras, minimizando as possibilidades de as plantas serem deixadas de fora, e para estudar a utilização da biodiversidade e as estratégias de conservação (Singh 1997). Muitos países em desenvolvimento sentiram a necessidade crescente de avaliar e rever as suas floras para a utilização económica da riqueza vegetal e para a conservação de plantas raras, em perigo e ameaçadas.

O vale de Catmandu, situado entre 27° 34', N e 27° 48', N de latitude e 85° 10', E e 85° 32', E de longitude, é constituído por três distritos principais: Kathmandu, Lalitpur e Bhaktapur, sendo Kathmandu a capital do Nepal. É um vale em forma de pires, com o fundo do vale a cerca de 1350 m de altitude, rodeado por montanhas, estando o pico mais alto Phulchowki (2715 m) situado no canto sudeste do vale. A sua área é de aproximadamente 650 km^2. O fundo do vale é relativamente plano e intercalado por dois rios principais, o Bagmati e o Vishnumati, juntamente com os seus afluentes. O vale de Catmandu é caracterizado por um clima subtropical típico de monção, com um verão chuvoso e um inverno seco.

Flora refere-se ao tratamento taxonómico sucinto de todas as plantas que ocorrem numa determinada região geográfica. É necessária uma flora completa de um país para refletir toda a diversidade vegetal desse país. As plantas são consideradas como a componente mais importante dos recursos naturais, dos quais as pessoas e os animais estão altamente dependentes. São também muito importantes no sentido em que a diversidade vegetal é o armazém de informações genéticas específicas (material genético) que estão armazenadas no seu corpo. Um bom conhecimento da composição florística de uma determinada área é essencial para compreender os recursos, a sua utilização e conservação. Este conhecimento é também importante para formular políticas ambientais para o desenvolvimento sustentável de qualquer país.

O Nepal é muito rico na sua riqueza floral. A sua posição geográfica única e as variações altitudinais e climáticas reflectem a sua rica diversidade floral. A vegetação natural é muito variada, desde a floresta tropical húmida de planície (floresta de sal), florestas temperadas de carvalhos e coníferas nas colinas médias até aos arbustos anões de rododendros e prados alpinos nas regiões mais altas. O Nepal é considerado como uma encruzilhada de migração de plantas na região dos Himalaias, sobrepondo-se aos elementos orientais e ocidentais dos Himalaias. É uma zona única para observar a diversidade floral de muitas províncias fitogeográficas. É aqui que as províncias florais da Ásia Ocidental e Central, mais secas, se encontram com a província sino-japonesa, mais húmida. A província do Sudeste Asiático penetra no sopé das colinas do Nepal oriental, enquanto a província do deserto afro-indiano se atenua em direção à parte ocidental do Nepal. A parte sul do Nepal, com as suas planícies, é típica da província florística indiana. As diferentes floras dos Himalaias Orientais e dos Himalaias Ocidentais fundem-se no Nepal Central.

O número máximo de plantas endémicas encontra-se no Nepal Central e a maior concentração situa-se entre 3000-4000 m de altitude (Shrestha e Joshi 1996). O padrão de distribuição das espécies endémicas numa sequência de leste para oeste indica que o Nepal Central tem o maior número. O Nepal Oriental, apesar de ser muito rico em composição florística, parece bastante anão em termos de riqueza de espécies endémicas em comparação com o Nepal Central e Ocidental. Isto pode muito bem ser atribuído ao facto de a maioria das plantas do Nepal oriental se distribuir pelo Sikkim e pelo Butão. Entre as zonas protegidas, a área de conservação de Annapurna, a reserva de caça de Dhorpatan, a reserva de vida selvagem de Shivapuri, o parque nacional de Rara, o parque nacional de Shey-Phoksundo e o parque nacional de Langtang são de grande importância para a proteção das espécies endémicas (Shrestha e Joshi 1996).

Descrição da zona de estudo

Fisiografia da SNNP

O Parque Nacional de Shivapuri Nagarjun (SNNP) foi inicialmente criado como Reserva da Bacia Hidrográfica de Shivapuri em 1976 e como Reserva da Bacia Hidrográfica e da Vida Selvagem de Shivapuri em 1984. O ShNP foi declarado o nono parque nacional do país ao abrigo da Lei de Conservação dos Parques Nacionais e da Vida Selvagem de 1973 e do Regulamento de Conservação dos Parques Nacionais e da Vida Selvagem de 1974. Adoptou a categoria de gestão II da IUCN de área protegida. O parque está situado entre 27° 45' e 27° 52' de latitude norte, cobrindo uma área de cerca de 144 km^2 dos distritos de Katmandu, Nuwakot e Sindhupalchok da Região de Desenvolvimento Central. O parque estende-se por cerca de 20-24 km de leste a oeste e cerca de 8-10 km de norte a sul. Os limites do parque estão bem demarcados com um muro de 111 km de comprimento à volta do parque. O muro de delimitação estende-se ao longo/entre vários comités de desenvolvimento das aldeias (VDC) que incluem Talakhu, Chhap, Likhu, Samundradevi, Sikre, Sunkhani e Thanapati do distrito de Nuwakot, a norte, e Bajrayogini, Baluwa, Chapali, Bhadrakali, Gagalphedi, Jhor Mahankal, Nayapati, Sangla, Sundarijal e Bishnu Budhanilkantha do distrito de Kathmandu, a sul. Bhotechaur, Haibung e Naglebare VDC do distrito de Sindhupalchok situam-se na fronteira oriental, enquanto Okharpauwa e Kakani do distrito de Nuwakot se situam na fronteira ocidental do parque. É a zona protegida que se insere inteiramente na cordilheira média do Nepal. O nome do parque deriva também do antigo nome Shiphuchd, que representa o pico do azevinho dos bosques (Plano de Gestão do PNS 2004).

As áreas protegidas são amplamente consideradas como um dos meios mais eficazes de conservação da diversidade biológica in situ. A Convenção sobre a Diversidade Biológica define as zonas protegidas como "uma área geograficamente definida que é designada ou regulamentada e gerida para atingir objectivos de conservação específicos". A UICN, a União Mundial para a Conservação da Natureza, define áreas protegidas como "uma área de terra e/ou mar especialmente dedicada à proteção e manutenção da diversidade biológica e dos recursos naturais e culturais associados, gerida por meios legais ou outros meios eficazes".

A gestão das zonas protegidas no Nepal recebeu um verdadeiro impulso na década de 1970. Não só foram acrescentadas zonas protegidas, como também se intensificaram as acções de proteção e conservação das mesmas. A primeira abordagem organizada da gestão de zonas protegidas no Nepal data de 1973, com a criação do Parque Nacional de Chitwan. Atualmente, as áreas protegidas do Nepal incluem dez parques nacionais, três reservas de vida selvagem, uma reserva de caça, seis áreas de conservação e doze zonas-tampão que cobrem uma área de 34 185,62 km2 , ou seja, 23,23% da área total do país (www.dnpwc.gov.np).

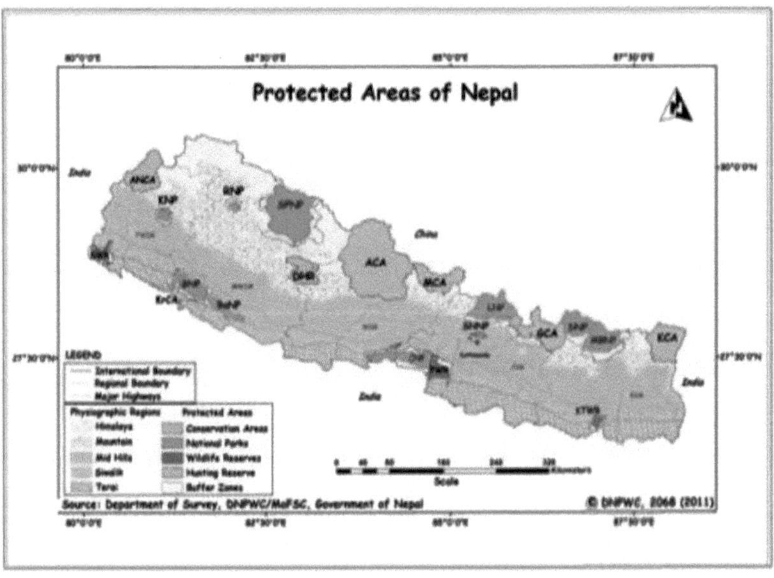

Fonte: Departamento de Inquéritos, DNPWC/MOFSC, GON

Figura 1. Áreas protegidas do Nepal

O Parque Nacional de Banke (BaNP) foi criado como o décimo Parque Nacional em 12th de julho de 2010, o que reflecte o empenho do Governo na conservação da biodiversidade ao nível da paisagem.

A extensão de uma área de 15 quilómetros quadrados da colina de Nagarjun ao Parque

Nacional, a oeste, foi notificada em 26th de fevereiro de 2009, a fim de proporcionar um habitat alargado à população selvagem e representar ecossistemas intactos de meia colina, cuja representação é comparativamente baixa no sistema de áreas protegidas. No total, o Parque Nacional Shivapuri Nagarjun (SNNP) cobre uma área de 159 quilómetros quadrados. Além disso, estão a ser tomadas iniciativas para declarar a área dentro e em redor do Parque Nacional Shivapuri Nagarjun como zona tampão.

Acesso

O SNNP está ligado por quatro grandes redes rodoviárias do vale (Catmandu a Budhanilkantha, Tokha, Kakani e Sundarijal). A distância do parque é de 25 a 45 minutos de carro de Katmandu, consoante os pontos de entrada. A sede do parque, Panimuhan, fica apenas a 7 km da estrada circular da cidade e a 12 km do centro da cidade. No interior do parque, existem 95 km de estrada em gravilha e 83 km de trilhos pedestres (ShNP Management Plan 2004) construídos para caminhadas e passeios nas aldeias.

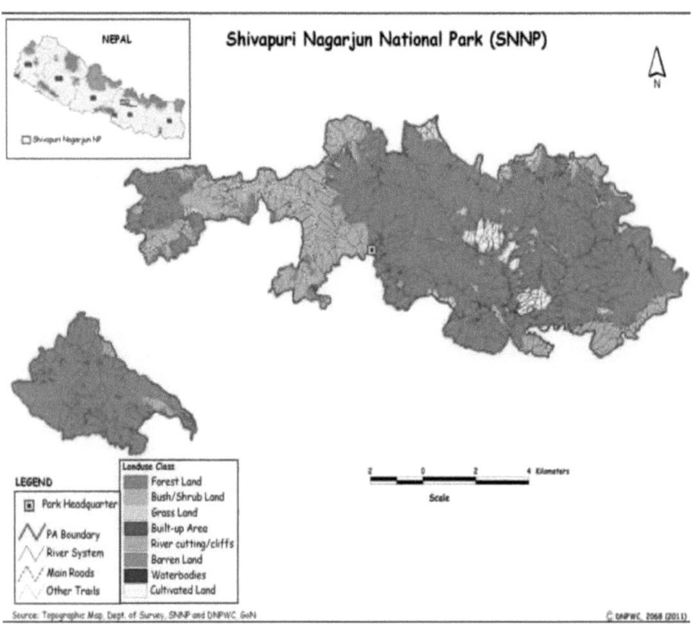

Figura 2. Mapa do Parque Nacional Shivapuri Nagarjun

Significados

A SNNP é uma verdadeira representação das Colinas Médias no sistema de áreas protegidas do Nepal. É a zona protegida mais próxima da cidade de Katmandu. É o habitat de muitas espécies endémicas de plantas e animais selvagens. Alguns dos destaques importantes do SNNP são:

(i)   **Região de rica biodiversidade**

O ShNP simboliza uma elevada diversidade biológica e alberga algumas espécies endémicas de plantas e animais. Estima-se que alberga um total de 2.122 espécies de plantas e 16 plantas com flores endémicas (BPP 1995). Estas 16 espécies de plantas endémicas são *Aechmanthera claudiae, Pteracanthus rotundifolius, Impatiens insignis, impatiens leptoceras, Begonia flagellaris, Maharanga wallichiana, Silene pseudocashmeriana, Eriocaulon kathmanduense, Homalium napaulense, Ormosia glauca, Rotala rubra, Rubus hibiscifolius, Pedicularis wallichii, Carum diversifolium, Peucedanum nepalense, Pleurospermum rotundatum.*

(ii)   **Fonte de água doce**

O SNNP fornece 40% da água potável de superfície (Plano de Gestão do SNNP 2004) ao vale de Katmandu. Recarrega a água da bacia hidrográfica de Shivapuri e descarrega-a no vale, disponibilizando recursos hídricos perpétuos à população residente no vale.

(iii)   **Património cultural e destinos turísticos**

A colina de Shivapuri é uma zona sem nevoeiro/névoa com uma luz solar cintilante devido aos ventos regulares de oeste que sopram do rio Trishuli. O pico de Shivapuri é um local sagrado tanto para budistas como para hindus e a nascente dos rios sagrados Bagmati e Bishnumati. Um grande número de sítios religiosos e de património cultural, incluindo Bagdwar e Bishnudwar, encontram-se no parque e nas suas imediações. Panimuhan, Nagigumba, Kakani, Jhule e Sundarijal são locais turísticos populares, que proporcionam oportunidades de lazer, caminhadas e trekking para a população urbana.

(iv)   **Área potencial de investigação**

O parque constitui também um local ideal para a investigação científica, nomeadamente sobre as alterações climáticas, a gestão das bacias hidrográficas, a biodiversidade, as ligações entre as florestas e o ciclo hidrológico, etc.

(v)   **Sumidouro para a poluição atmosférica**

A cidade de Katmandu está a sofrer uma degradação ambiental catastrófica, principalmente devido à poluição atmosférica, que causou um número significativo de doenças respiratórias na população residente no vale, causadas pela queima de combustíveis fósseis, deixando uma nuvem espessa de poluentes, principalmente Co2, suspensa no ar por um longo período até que o vento ou a chuva a dispersem. Neste cenário, a SNNP desempenha um papel vital como sumidouro, sequestrando o carbono da fonte e reduzindo o tempo necessário para limpar o ambiente do vale.

Geologia, topografia e elevação

Geologicamente, a SNNP insere-se na região dos Himalaias interiores. As rochas dominantes são o gnaisse e o magamatite com mica xisto e granito pegmático. Os solos da área variam de areia argilosa no lado norte a argila arenosa na encosta sul (Plano de Gestão do PNS 2004). A topografia é maioritariamente montanhosa, com declives acentuados de >30% em pelo menos 50% da área total do parque. Devido à topografia íngreme e à natureza do solo, a erosão do solo é muito elevada em alguns locais, especialmente na parte norte do parque (aldeias de Samundradevi, Sikre e Talakhu). Os deslizamentos de terras, as ravinas, a erosão dos terraços inclinados e a erosão das margens dos cursos de água são comuns em todo o Shivapuri. As principais causas de tais riscos incluem (a) a construção de estradas nas encostas íngremes do sul e do norte, (b) o sobrepastoreio e (c) as terras agrícolas abandonadas, que são propensas ao sobrepastoreio e carecem de manutenção dos socalcos (Plano de Gestão do PNS 2004). A altitude do parque varia entre 1350 m e 2732 m no pico de Shivapuri. No entanto, a maior parte da área do parque situa-se entre 1.600 m e 2.500 m acima do nível do mar (Plano de Gestão do PNS 2004).

Massas de água e bacias hidrográficas

Shivapuri é a origem de alguns sistemas fluviais importantes, incluindo Bagmati, Bishnumati, Nagmati, Syalmati, Rudramati e Yashomati, que são as principais bacias hidrográficas. Existem algumas sub-bacias hidrográficas de pequenos cursos de água, incluindo Rudramati Mahadev, Chhari, Yogmati, Sani e Thuli Jhyalmati e Dhobi Kholas. As barragens e os lagos (por exemplo, Sundarijal) são principalmente construídos pelo homem para fins específicos, como a energia hidroelétrica, a água potável e a irrigação.

Clima e tempo

O clima de Shivapuri é do tipo subtropical a temperado quente. Há uma grande variação na temperatura e precipitação anuais. Durante os meses de verão (maio/junho), a temperatura máxima registada na estação meteorológica de Kakani varia entre 22,4° C e 25,4° C. Nos meses mais frios (dezembro/janeiro), a temperatura mínima varia entre 2,3° C e 5,6° C.

Tabela: 1 Temperatura

2004		KAKANI		2005		KAKANI	
MONT H	Tmax (oc)	Tmin (oc)	Média	MONT H	Tmax (° C)	Tmin (° C)	Média
Jan	14.1	3.8	8.95	Jan	14.1	3.9	9
Fev	16.5	5.8	11.15	Fev	17.2	6.3	11.75
Mar	22.5	12	17.25	Mar	20.7	9.2	14.95
abril	22.9	12.8	17.85	abril	24	11.8	17.9
maio	24.1	14.3	19.2	maio	24.2	13.5	18.85
Jun	23.6	15.2	19.4	Jun	25.1	15.6	20.35
Jul	22.6	16	19.3	Jul	22.8	16	19.4
agosto	23.9	15.5	19.7	agosto	22.6	16.9	19.75
setembro	22.1	15.6	18.85	setembro	23	16.1	19.55
outubro	20.8	12	16.4	outubro	19.8	12.5	16.15
Nov	18.3	8.2	13.25	Nov	16.9	8.4	12.65
Dez	16.2	5.9	11.05	Dez	15	6.2	10.6
média	20.6333	11.425	16.02917	média	20.45	11.36667	15.90833

2006		KAKANI		2007		KAKANI	
MÊS	Tmax (°C)	Tmin (° C)	média	MÊS	Tmax (°C)	Tmin (° C)	média
Jan	17.1	7.3	12.2	Jan	13.4	4.3	8.85
Fev	18.6	9	13.8	Fev	12.7	4.6	8.65
Mar	19.5	9.2	14.35	Mar	18.1	8.2	13.15
abril	21.6	11.6	16.6	abril	22.5	13.2	17.85
maio	22.1	14.4	18.25	maio	23.4	15.1	19.25
Jun	22.5	16.1	19.3	Jun	22.9	16	19.45
Jul	23.1	17.1	20.1	Jul	22.1	16.7	19.4
agosto	23.4	16.6	20	agosto	23.5	16.2	19.85
setembro	21.8	15.3	18.55	setembro	22.1	15.1	18.6
outubro	20.4	12.4	16.4	outubro	21.1	12.5	16.8
Nov	17.1	9	13.05	Nov	17.9	8.8	13.35
Dez	14.5	5.6	10.05	Dez	15.5	5.1	10.3
média	20.142	11.967	16.054	média	19.6	11.317	15.458

2008		KAKANI		2009		KAKANI	
MONT H	Tmax (°C)	Tmin (° C)	média	MONT H	Tmax (°C)	Tmin (° C)	média
Jan	13.9	4	8.95	Jan	15.1	6.2	10.65
Fev	14.3	3.3	8.8	Fev	17.9	7.8	12.85

Mar	19.3	8.7	14	Mar	20.2	9.7	14.95
abril	23	11.8	17.4	abril	23.6	13.5	18.55
maio	22.1	13.4	17.75	maio	22.6	13.4	18
junho	22.4	15.9	19.15	Jun	24.1	15.9	20
Jul	22.7	16.6	19.65	Jul	23.1	15.8	19.45
agosto	22.5	16.3	19.4	agosto	23.2	16.3	19.75
setembro	22.4	15.4	18.9	setembro	22.7	15.1	18.9
outubro	20.6	12.5	16.55	outubro	20.8	12.7	16.75
Nov	18	9.4	13.7	Nov	17.8	9.4	13.6
Dez	15.3	6.8	11.05	Dez	14.4	5.5	9.95
média	19.7083	11.175	15.4417	média	20.45833	11.775	16.11667

2010		KAKANI		2011		KAKANI	
MONT H	Tmax (^{o}C)	Tmin (^{o} C)	média	MONT H	Tmax (^{o}C)	Tmin (^{o} C)	média
Jan	16.1	5.1	10.6	Jan	12.7	2.3	7.5
Fev	15.8	5.7	10.75	Fev	16	4.6	10.3
Mar	21.6	11.5	16.55	Mar	19.7	8.3	14
abril	24.8	15.3	20.05	abril	21.7	10.8	16.25
maio	23.6	14.3	18.95	maio	22	12.9	17.45
Jun	24.2	14.7	19.45	Jun	22.9	14.8	18.85
Jul	22.5	15.7	19.1	Jul	21.9	15.8	18.85
agosto	22.4	15.7	19.05	agosto	23.1	15.2	19.15

setembro	22.1	14.6	18.35	setembro	23	14.8	18.9
outubro	21.1	11.9	16.5	outubro	22.1	11.8	16.95
Nov	18.1	8.8	13.45	Nov	16.8	8.1	12.45
Dez	15.3	4.8	10.05	Dez	14.8	5	9.9
média	20.633	11.5083	16.0708	média	19.725	10.3667	15.0458

| 2012 | | KAKANI | | 2013 | | KAKANI | |
MÊS	Tmax (°C)	Tmin (° C)	média	MÊS	Tmax (°C)	Tmin (° C)	média
Jan	12.4	2.3	7.35	Jan	13.6	3.2	8.4
Fev	16	5.6	10.8	Fev	16.4	6.2	11.3
Mar	19.6	8.3	13.95	Mar	20.8	10.2	15.5
abril	22.8	12.3	17.55	abril	23.1	11.8	17.45
maio	25.4	14.2	19.8	maio	23.2	14.5	18.85
Jun	24.8	16.4	20.6	Jun	23.2	16.1	19.65
Jul	22.9	16.5	19.7	Jul	22.8	16.7	19.75
agosto	23.6	16.1	19.85	agosto	23.2	16.1	19.65
setembro	23.5	15.4	19.45	setembro	23.4	15.1	19.25
outubro	21.4	11.4	16.4	outubro	20.4	12.5	16.45
Nov	18	7.6	12.8	Nov	18.2	8.1	13.15
Dez	15.5	5.1	10.3	Dez	14.925	4.9	9.9125
média	20.492	10.933	15.713	média	20.269	11.283	15.776

Fonte: Departamento de Hidrologia e Meteorologia

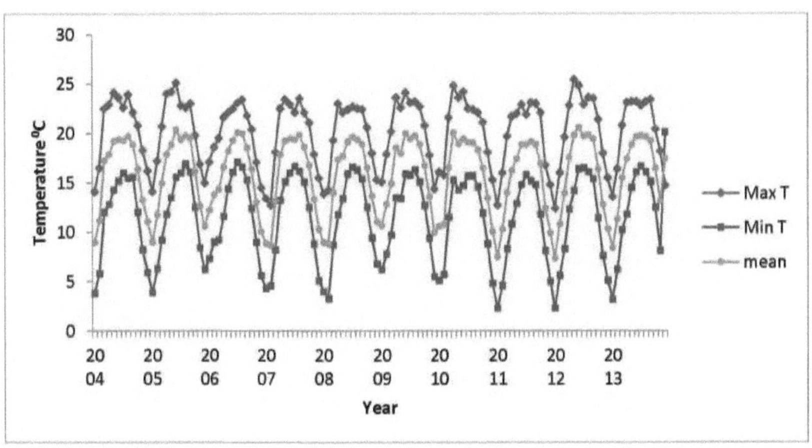

Figure 3. Gráfico Ombrotérmico

A monção começa em junho e a maior parte da precipitação ocorre entre junho e setembro. Ocorrem aguaceiros ocasionais de dezembro a janeiro. A precipitação máxima anual é de 3335,2 mm (2011).

Quadro: 2 Precipitação

Precipitação	(mm)	KAKANI										
Ano	Jan	Fev	Mar	Ap r	Ma y	Jun	JU L	AU G	SE P	OC T	NÃO V	DE C
2004	46.2	5.4	14	157	289	321	779	700	363	159	17	0
2005	56.8	23.4	78	32	82.4	393.4	677	639	417	153	0	0
2006	0	0	36	15 0	310	350.1	628	503	369	47.2	5.6	25
2007	0	94.8	50	65.8	144	547.6	592	698	567	105	7.8	0
2008	6	0	46	76.2	193	673.2	487	633	387	62.6	0	8.8
2009	0	1.4	44	31.8	218	149.11	16	658	167	62.4	1.2	3.6
2010	2	35.2	24	80	208	386.8	629	765	474	54.8	0	0

2011	10	56.4	58	106	295	541.8	941	717	546	32.4	30	0
2012	20.2	56	19	77.2	78.8	331.8	823	688	376	17.4	3	0
2013	17.8	52.4	11	63.6	230	498.8	724	576	177	128	0	ADN

Fonte: Departamento de Hidrologia e Meteorologia, GON

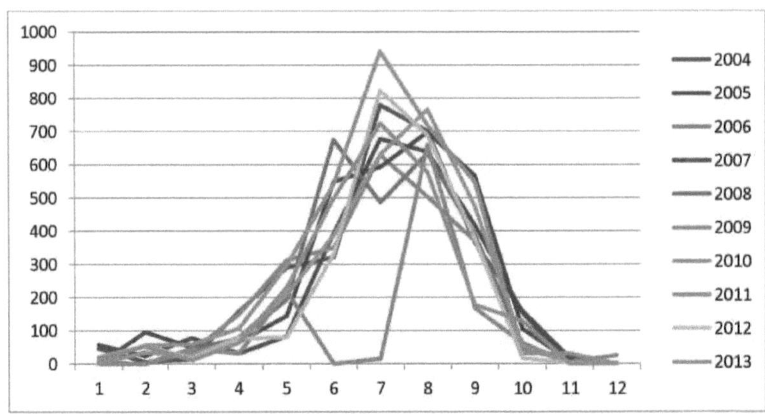

Figure 4. Precipitação

Vegetação/Florestas

Na faixa inferior (até 2000 m), encontra-se a floresta de Schima- Castanopsis, cujas espécies arbóreas dominantes são *Schima wallichii, Castanopsis indica, C. tribuloides* e as espécies associadas são *Alnus nepalensis, Eurya acuminata, Prunus cerasoides*, etc. Nesta faixa, o pinhal encontra-se em zonas abertas e soalheiras. Na faixa intermédia (2000 m a 2300 m) encontra-se uma floresta mista de carvalhos. As árvores dominantes nesta faixa são *Quercus lanata, Rhododendron arboreum, Cyclobalanopsis glauca* (=Quercus *glauca*). As espécies que lhes estão associadas são *Eurya acuminata, Lyonia ovalifolia, Myrsine semiserrata, Quercus semecarpifolia, Michelia champaca, Rhus succedanea*. Na faixa superior (2300 m a 2732 m) encontra-se o carvalhal. As espécies arbóreas dominantes nesta faixa são *Quercus semecarpifolia, Quercus lamellosa, Rhododendron arboreum*. As outras árvores associadas são *Pieris formosa, Ilex excelsa, Viburnum nervosum, Lindera pulcherima*, etc.

População e etnia

De acordo com o censo de 2001, há 101.493 pessoas a viver no SNNP em doze VDCs de Kathmandu, nove VDCs de Nuwakot e dois VDCs dos distritos de Sindhupalchok. Cerca de 350 agregados familiares (aldeias de Okhareni e Mulkharka) (Plano de Gestão do PNS 2004) encontram-se no interior do Parque. A maioria das pessoas segue o hinduísmo, seguido do budismo, dos cristãos, do islamismo e dos Kirat, que estão em minoria. O grupo étnico dominante adjacente ao parque é o Tamang, seguido do Brahman, Chhetri e outros (Plano de Gestão do PNS 2004).

Conta taxonómica

Erva, por vezes arbusto ou raramente árvore. Folhas alternas ou opostas, raramente espiraladas, simples ou compostas, exstipuladas. A inflorescência é tipicamente uma cabeça ou um capitulo, rodeado por um invólucro de brácteas. As cabeças (capitulos) são de três tipos:

(I) Cabeça radiada: Os floretes dos raios exteriores são ligulados (ou seja, com os lóbulos da corola unidos numa ligula em forma de tira) e zigomórficos, enquanto os floretes do disco interior são tubulares e actinomórficos.

(II) Cabeça ligulada: Todas as flores são liguladas e zigomórficas.

(III) Cabeça discoide: Todas as flores são tubulares e actinomorfas.

As flores da cabeça são todas bissexuais ou os raios externos são unissexuais, femininos ou neutros e os discos são bissexuais, raramente masculinos ou raramente a cabeça apresenta flores unissexuais. Cálice modificado em pappus peludo, com cerdas ou escamas ou ausente. Corola tubular ou ligulada, gamopétala. Estames 5 ou ausentes, epipétalos, singénios. Carpelo 2, sincarpado. Ovário inferior, unilocular, estilo longo e delgado, estigma geralmente bífido. Fruto aquénio.

Chave do género

Capitula ligulate --KeyA

Capitulo radiado --KeyB

Capitula disciforme ---KeyC

Capitula discoide -- Chave D

CHAVE A

Achenes com bico curto e robusto *Picris*

Achenes sem bico --- *Sonchus*

CHAVE B

Lígulas brancas *Eclipta*

Lígulas amarelas *Sigesbeckia*

Pappus presente e com escamas fimbriadas *Galinsoga*

Pappus presente e com cerdas híspidas --- *Bidens*

Cabeça radiada com aquénios bicudos *Rhynchospermum*

Cabeça radiada com aquénios estriados -- *Inula*

Cabeça radiata aquénios não bicudos -- *Myriactus*

Floretes de raios roxos ou azuis *Aster*

Flores do raio amarelas ou brancas -- *Senecio*

CHAVE C

Filários 15-30; ramos do estilete com bandas estigmáticas laterais apêndices triangulares estéreis *Conyza*

Filários brancos acima de *Anaphalis*

Filários amarelados ou castanhos acima de *Gnaphalium*

Filários com margem escárea; recetáculo subgloboso a clavado ou em forma de taça no centro ou convexo com flores estipitadas -------------------------------- *Ciatoclina*

Filárias geralmente escariadas, recetáculo côncavo a convexo;

maioritariamente herbácea *Artemesia*

Involucro c 2 seriado, filários subiguais *Dichrocephala*

Involucro 2 seriado, filários iguais -- *Espiláceas*

CHAVE D

Margens das folhas espinhosas; filários exteriores geralmente com pontas espinhosas *Cirsium*

Margens das folhas e filárias não armadas --

Inflorescência em panículas estreitas, em forma de espiga; flores 3-4 por capitulo

Ainsliaea

Capitulo corimboso, escondido na lã ou solitário; flores mais de 10 por capitulo

Filários não excedendo 12 mm, corola 5-dentada --------------------------- *Vernónia*

Filários mais longos 20-24 mm, corola bilabiada --

Erva perene ou subarbusto; filárias10-14 ------------------------------------- *Gynura*

Anual, ereto, folhoso em toda a sua extensão; filárias c 20 --------*Crassocephalum*

Flores c 50-60; filários internos 4,3-5 mm; corolas 3,5-4 mm ------------- *Ageratina*

Achenes obovoide; pappus de 3-4 cerdas com pontas de glândula --------------------

Adenostemma Achenes linear-oblongo; pappus de 5(-6) escamas com cerdas escarbosas

Ageratum

Adenostemma lavenia (L.) Kuntze, *Rev. Gen. Pl.* 1: 304 (1891) var **lavenia** Hara and Williams, *Enum. Fl. Nep.* **3** : 9 (1982); Press et al. *Ann. Check. Fl. Pl. Nep*: 49 (2000). *Adenostemma aquaticum* D. Don, *Prodr. Fl. Nep.* 159 (1825).

Erva até 1 m. Caule esparsamente pubescente. Folhas ovadas 3-16 x 1-8 cm, acuminadas, base subcordada, margens grosseiramente dentadas, esparsamente pubescentes em ambas as superfícies. Inflorescência terminal, solta, paniculada, corimbosa. Capitulo discoide. Involucros amplamente campanulados; filários 2-seriados, subiguais e conatos na base. Recetáculo nu. Flores 20-40. Corola tubular-campanulada; tubo com pêlos glandulares. Lóbulos da corola brancos, todos densamente pubescentes. Anteras com ponta glandular. Achenes obovoide 3-5 angular; pappus de 3-4 cerdas lisas com ponta de glândula.

Fl. e Fr.: agosto-novembro

Espécime de registo: Katmandu, Sundarijal, 1800m, 8 de agosto de 2008, S. Singh 290, (TUCH). Em lugares abertos e sombreados, ocasião.

Nome local: Rato danthe ghans.

Distribuição: Nepal (WCE., 200-2800 m); Pantropical.

Ageratum conyzoides L., *SP. Pl.:* 839 (1753). Hara e Williams, *Enum. Fl. Nep*. **3** : 9 (1982); Grierson e Long, *Fl. Bhu*. **2**(3): 1627 (2001); Press et al. *Ann. Check. Fl. Pl. Nep*: 49 (2000).

Erva anual, erecta, aromática, até 90 cm, caules esbranquiçados pubescentes. Folha ovada, 28 x 1,5-6 cm, subaguda, truncada ou cuneada na base, crenada-serrada, esparsamente pubescente em ambas as superfícies; pecíolos até 5 cm. Involucro com 3-5 mm de diâmetro; filárias oblongas com alguns pêlos eglandulares. Corola púrpura. Estilos exsertos c 1 mm. Aquénio linear-oblongo; pappus de 5 escamas com cerdas escarbosas.

Fl. e Fr: junho-outubro

Espécime de registo: Katmandu, Sundarijal, 1450m, 2 de junho de 2007, S. Singh 9, (TUCH). Em locais húmidos e abertos, comum.

Nome local: Ganhaaune jhar, Ilame jhar

Utilizações: Espremem-se algumas folhas entre as palmas das mãos e deita-se o sumo sobre os cortes e feridas para parar a hemorragia.

Distribuição: Nepal (WCE., 200-2000 m); Pantropical.

Ainsliaea aptera DC., *Prodr*. **7(1)**: 14 (1838). Hara e Williams, *Enum. Fl. Nep*. **3** : 9 (1982); Grierson e Long, *Fl. Bhu*. **2**(3): 1418 (2001); Press et al. *Ann. Check. Fl. Pl. Nep*: 49 (2000).

Plantas até 100 cm. Folhas ovadas, 4-9 x 3-7 cm, agudas, cordadas, dentadas, pecioladas. Filárias ovadas a linear-lanceoladas. Inflorescência estreitamente paniculada, 34 flores por capítulo. Corola branca, com o limbo da corola dividido em 5 lóbulos. Ramos estilares muito curtos, arredondados. Achenes estreitamente obovóides; pappus plumoso, acastanhado.

Fl. e Fr: fevereiro-maio

Espécime de registo: Kathmandu, Panimuhan, 1800 m, 8 de março de 2007, S. Singh 175 (TUCH). Tanto em locais abertos como à sombra, ocasionalmente.

Nome local: Sahadeva sahadevi

Distribuição: Nepal (WE., 1600-35000 m); Himalaias (Caxemira ao Butão).

Ageratina adenophora (Spreng.) King & Robinson; *Eupatorium adenophorum* Sprengel. Grierson e Long, *Fl. Bhu.* **2**(3): 1624 (2001).

Erva erecta até 1,5 m, caule arroxeado a castanho, densamente glandular pubescente. Folhas em forma de cunha 2-6 x 1-5 cm, margem grosseiramente dentada, pecioladas. Capitula campanulada, c 50-60-florida, em densos corimbos terminais. Os filários exteriores são poucos, os interiores são oblanceolados, 4,3-5 mm. Corola branca, tubular, campanulada, 3,5-4 mm. Ramos do estilete lineares, exsertos. Achenes estreitamente oblongos; pappus de 1 série de cerdas capilares.

Fl. e Fr: março-outubro

Espécime de registo: Kathmandu, Panimuhan, 1800 m, 8 de março de 2007, S. Singh 161 (TUCH). Tanto em espaços abertos como à sombra, comum.

Nome local: Banmara

Utilizações: O sumo da planta é aplicado em cortes e feridas. Também é considerado bom para salvar mãos e pés gretados.

Distribuição: Nepal (CE., 850-2200 m); Pantropical.

Anaphalis DC.

Erva perene, geralmente cotonosa lanada-tomentosa. Folhas simples, alternas, inteiras. Captulos de tamanho pequeno a mdio, vrios a muitos em corimbos terminais, raramente solitrios. Flores unissexuadas, captulos discóides e dióicos ou disciformes e de dois tipos. Involucro amplamente campanulado; filários vários a muitos seriados, escariados, petalóides internos brancos ou amarelados. Recetáculo convexo e nu. Corola das flores femininas filiforme, com 3-4 dentes no ápice. Corola das flores masculinas estreitamente tubular-campanulada, com 5 dentes. Na flor masculina o ovário é abortivo, na flor feminina o ovário está mais ou menos ausente; papo simples, ultrapassando ligeiramente as corolas. Achenes oblongos.

Chave para as espécies

Folhas lanceoladas, com tomentose esbranquiçada em ambas as faces; filários até 5,2 mm

A adanta

Folhas linear-lanceoladas, decurrentes nos caules; filários até 4,7 mm --------------

A busua Folhas lineares, numerosas, margem da folha fortemente recurvada *A contorta*

Folhas estreitamente lanceoladas, não numerosas, margem pouco recurvada -------

A margaritacea

Folhas elíptico-oblongas, com 3-5 nervuras, cobertas de lã branca em ambas as superfícies --- --- *A triplinervis*

Anaphalis adanta Wall. ex DC., Prodr. **6**: 274 (1838). Wall. ex DC., *Prodr*. **6**: 274 (1838). Hara e Williams, *Enum. Fl. Nep.* **3** : 10 (1982); Grierson e Long, *Fl. Bhu.* **2**(3): 1516 (2001); Press et al. *Ann. Check. Fl. Pl. Nep*: 49 (2000).

Caule ereto até 45 cm. Folhas lanceoladas, 2-3 x0,3-0,5 cm, acuminadas, base estreita, tomentosas esbranquiçadas comprimidas em ambas as superfícies. Capitulo pequeno, 2,5-3,5 mm de diâmetro, em grupos densos em corimbos terminais. Involucro 5-8 seriado; filários ovados a elípticos, brancos, 3,7-5,2 mm de comprimento. Corolas 2-3 mm. Achenes 0,5 mm, papiloso.

Fl. e Fr: dezembro-outubro

Espécime de registo: Kathmandu, Panimuhan, 1800 m, 14 de dezembro de 2007, S. Singh 123 (TUCH). Tanto em locais abertos como à sombra, ocasionalmente.

Nome local: Buki phul

Distribuição: Nepal (WCE., 800-32000 m); Himalaias (Caxemira ao Butão), NE da Índia, Myanmar, Indo-China, Filipinas, China, Taiwan.

Anaphalis busua (Buch.-Ham. ex D. Don) DC., Prodr. **6**: 275 (1838). Hara e Williams,

Enum. Fl. Nep. **3** : 10 (1982); Grierson e Long, *Fl. Bhu.* **2**(3): 1517 (2001); Press et al. *Ann. Check. Fl. Pl. Nep*: 49 (2000). *Gnaphalium busua* Buch.- Ham. ex D. Don *Prodr. Fl. Nep.* 173 (1825).

Erva de vida curta até 60 cm, esparsamente a moderadamente aracnoide-tomentosa; caule ereto, geralmente apenas ramificado sob a inflorescência. Folhas linear-lanceoladas 3-7 x 0,3-0,5 cm. Captula numerosa em corimbos. Flores todas femininas ou predominantemente masculinas ou femininas. Involucro 4-seriado; filários ovados ou elípticos, brancos, 3,5-4,7 mm de comprimento. Corolas 2,2-3 mm. Achenes 0,5 mm, papiloso.

Fl. e Fr.: agosto-novembro

Espécime de registo: Nuwakot, Kakani, 2200 m, 15 de agosto de 2008, S. Singh 331 (TUCH). Em lugar aberto e também em lugar húmido e sombrio, ocasião.

Nome local: Boke ghans

Distribuição: Nepal (WCE., 1500-2900 m); Himalaias (Caxemira até ao Butão), NE da Índia, (Meghalaya), Myanmar.

Anaphalis contorta (D. Don) Hook. f., *Fl. Br. Ind.* **3(8)**: 284 (1881) var. **contorta.** Hara e Williams, *Enum. Fl. Nep.* **3** : 10 (1982); Press et al. *Ann. Check. Fl. Pl. Nep.*: 50 (2000). *Antennaria contorta* D. Don in B. Reg. 7: t 605 (1821); *Prodr. Fl. Nep.* 175 (1825).

Planta lenhosa, pelo menos na base, até 40 cm, caule ereto ou decumbente. Folhas 1-2,5 x 0,1-0,3 cm, numerosas, lineares, margem recurvada, agudas, esbranquiçadas e tomentosas em ambas as superfícies, mas mais densamente por baixo. Capitulos em corimbos arredondados, geralmente densamente apinhados. Flores predominantemente ou inteiramente masculinas ou femininas. Involucro 56 seriado; filários mais exteriores ovados, 4-5,3 mm. corolas 2-3,3 mm. Aquénio 0,5 mm, papiloso.

Fl. e Fr.: agosto-novembro

Espécime de registo: Nuwakot, Kakani, 2180 m, 29 de agosto de 2008, S. Singh 362 (TUCH). Em lugar aberto e também em lugar húmido e sombrio, ocasião.

Distribuição: Nepal (WCE., 1700-4500 m); Himalaias (Caxemira até Butão), NE da Índia, SW da China.

Anaphalis margaritacea (L.) Benth., *Gen. Pl.* (Bentham & Hooker) **2**: 303 (1873). Hara e Williams, *Enum. Fl. Nep.* **3** : 10 (1982); Grierson e Long, *Fl. Bhu.* **2**(3): 1517 (2001); Press et al. *Ann. Check. Fl. Pl. Nep.*: 50 (2000). *Antennaria timmua* Buch.-Ham. ex D. Don *Prodr. Fl. Nep.* 174 (1825).

Erva até 60 cm, caule tomentoso acastanhado. Folhas estreitamente lanceoladas, 3-8 x 0,5-1 cm, acuminadas, sésseis, margem pouco recurvada, verde-escuro em cima, tomentoso acastanhado em baixo. Flores de cabeça branca em cachos geralmente densos, em corimbos densos a difusos. Flores predominantemente femininas ou todas masculinas. Brácteas involucrais branco-papeladas, filárias brancas, acastanhadas na base. Aquénio 0,6 mm, papiloso.

Fl. e Fr: abril-agosto

Espécime de registo: Nuwakot, Kakani, 2200 m, 29 de agosto de 2008, S. Singh 379 (TUCH). Em lugar aberto e também em lugar húmido e sombrio, ocasião.

Distribuição: Nepal (CE., 1800-3100 m); América do Norte, Paquistão do Norte, Himalaias (Caxemira até Butão), Indochina, China, Japão, Rússia Oriental.

Anaphalis triplinervis (Sims) C.B. Clarke. *Comp. Ind.:* 105 (1876) var. **triplinervis.**). Hara e Williams, *Enum. Fl. Nep.* **3** : 11 (1982); Press et al. *Ann. Check. Fl. Pl. Nep.*: 50 (2000).

Erva erecta até 50 cm, caule cotonoso. Folhas elípticas, 4-8 x 1-2 cm, agudas, 3-5 nervuras com lã branca em ambas as superfícies. Cabeça da flor branca em corimbos terminais. Flores predominantemente femininas ou predominantemente masculinas. Involucro 8-9 seriado; filárias acastanhadas ou enegrecidas em baixo, brancas em cima. Corolas 3-4 mm. Achenes 0,6-0,8 mm, papiloso.

Fl. e Fr: julho-dezembro
Nome local: Boke ghans

Espécime de registo: Kathmandu, Panimuhan, 1900 m, 25 de julho de 2007, S. Singh 104, 209 (TUCH). Tanto em locáis abertos como à sombra, ocasionalmente.

Distribuição: Nepal (WCE., 1800-3300 m); Afeganistão, N. Paquistão, Himalaias (Caxemira até Butão), W. & S. China, Taiwan.

Artemesia indica Wild., SP. Pl. ed. 4, **3**: 1846 (1804). Hara e Williams, *Enum. Fl. Nep.* **3** : 12 (1982); Grierson e Long, *Fl. Bhu.* **2**(3): 1559 (2001); Press et al. *Ann. Check. Fl. Pl. Nep.*: 51 (2000).

Uma erva alta até 2 m, esparsamente tomentosa. Folhas inferiores pedunculadas, 1-3 pinadas, folhas superiores sésseis, segmento ovado-elíptico, acuminado, até 5 x 1 cm. Capitulos numerosos em cachos semelhantes a espigas, formando uma inflorescência piramidal erecta de folhas frouxas. Involucro campanulado; filários ovados a obovados. Flores femininas c 3-8; corolas 0,7-1,3 mm. Flores bissexuais/masculinas c 6-12; corolas 1.7-2.2 mm. Achenes oblongos c 1,2 mm; pappus ausente.

Fl. e Fr.: agosto-outubro

Espécime de registo: Nuwakot, Kakani, 2200 m, 5 de setembro de 2008, S. Singh 398, 506 (TUCH). Em local aberto, ocasião.

Nome local: Tite pate

Utilizações: Cerca de 4 colheres de chá do sumo da planta são dadas três vezes por dia durante 3-4 dias para curar diarreia ou disenteria.

Distribuição: Nepal (CE., 3000-2400 m); Himalaias, Índia, Myanmar, Tailândia, China do Sul, Japão.

Aster tricephalus C.B. Clarke, *Comp. Ind.* 48 (1876). Hara e Williams, *Enum. Fl. Nep.* **3** : 15 (1982); Grierson e Long, *Fl. Bhu.* **2**(3): 1534 (2001); Press et al. *Ann. Check. Fl. Pl. Nep.*: 52 (2000).

Uma erva perene erecta até 40 cm. Folhas estreitamente espatuladas-oblanceoladas, 3-6 x 0,5-2 cm, agudas, obscuramente dentadas. Capitulo radiado, 1-3; involucros com cerca de 20 mm de diâmetro; filários subiguais, linear-lanceolados. Flores do raio 50-

60; tubo da corola 2 mm; lígula azul, 18 x 1,5 mm. Corolas discais amarelas, 5 mm. Achenes obovóides, 3,5 x 1 mm; pappus esbranquiçado.

Fl. e Fr: abril- agosto

Espécime de registo: Kathmandu, Sundarijal, Damp Pokhari, 1750m, 2 de junho de 2007, S. Singh 19, (TUCH). Tanto em locais abertos como à sombra, comum.

Distribuição: Nepal (CE., 2900-4600 m); Himalaias (Nepal, Sikkim, Butão).

Bidens L.

Ervas anuais erectas. Folhas tripinnatifidas, opostas, dentadas. Capítulos 1 a vários, terminais ou axilares, radiados. Involucros amplamente campanulados, 2-seriados; filários ligeiramente conados na base. Flores do raio neutras; corola branca ou amarela. Flores do disco bissexuais; corola tubular-campanulada, com 5 lóbulos, amarela; ramos do estilete lineares com apêndices vilosos subulados. Aquénios obovóides ou lineares, 4-angulares ou comprimidos; pappus com cerdas híspidas.

Chave para as espécies

Apenas folhas primárias inferiores bipinadas e ternadas *B biternata*

Todas as folhas unipinadas e ternadas *B pilosa*

Bidens biternata (Lour.) Merr. & Sheriff, *Bot. Gaz.* **88**: 293 (1929). Hara e Williams, *Enum. Fl. Nep.* **3** : 15 (1982); Grierson e Long, *Fl. Bhu.* **2**(3): 1620 (2001); Press et al. *Ann. Check. Fl. Pl. Nep.*: 52 (2000).

Planta até 20 cm; caules glabros, esparsamente pilosos nos nós. Folhas bipinadas, pecioladas, geralmente folíolos primários basais ternados, superiores simples, segmentos lanceolados, serrilhados. Capitulo com 2,5-4 mm de diâmetro. Filários exteriores oblongo-espatulados; filários interiores largamente oblongos. Corolas amarelas. Flores do raio 3-5, 2-3 x 1,2-2 mm. Corolas discais c 3 mm. Achenes lineares, 9-18 mm, coroados com 3 awns.

Fl. e Fr: maio-dezembro

Espécime de registo: Kathmandu, Sundarijal, Damp Pokhari, 1800m, 8 de agosto de

2007, S. Singh 19, (TUCH). Comum em locais abertos e também em locais húmidos e sombreados. **Distribuição:** Nepal (WC., 1100-2000 m); muito comum em África, Ásia, Austrália.

Bidens pilosa L., *Sp. Pl.* 832 (1753).). Hara e Williams, *Enum. Fl. Nep.* **3** : 15 (1982); Grierson e Long, *Fl. Bhu.* **2**(3): 1619 (2001); Press et al. *Ann. Check. Fl. Pl. Nep.*: 52 (2000).

Planta até 1 m; caules glabros. Folhas unipinadas, pecioladas, trifoliadas, folíolos ovados, 1-6 x 0,5-3 cm, acuminados, serrilhados. Capitulo com 3,5-7 mm de diâmetro. Filários exteriores oblongo-espatulados; filários interiores acastanhados. Corolas das flores do raio brancas, 3,3 x 3 mm. Corolas discais amarelas, 4 mm. Achenes lineares, 6-11 x c 0,8 mm; pappus awns 2-3.

Fl. e Fr: maio-dezembro

Espécime de registo: Kathmandu, Sundarijal, Ganeshsthan, 1500m, 8 de agosto de 2007, S. Singh 33, (TUCH). Em lugares abertos e húmidos, comum.

Nome local: Kalo kuro, kuro, sinke kuro.

Distribuição: Nepal (WCE., 700-2100 m); Pantropical

Cirsium wallichii var. **glabratum** (Hook. f.) Wendelbo, *Nytt Mag. Bot.* **1**: 67 (1952). Hara e Williams, *Enum. Fl. Nep.* **3** : 20 (1982); 1620 (2001); Press et al. *Ann. Check. Fl. Pl. Nep.*: 55 (2000).

Planta até 1 m, esparsamente pubescente. Folhas com 3-15 cm de comprimento, sésseis, pinatissectas, elíptico-oblanceoladas, segmentos c 9 pares, ovadas, margens com 1-3 espinhos grandes em dentes grosseiros e vários espinhos de cada lado. Capitula discoide, cabeças solitárias terminais e axilares. Involucro com 12-17 mm de diâmetro; filários exteriores lanceolados, com pontas espinhosas; interiores com espinhos alongados, acuminados e obsoletos. Tubo da corola 8 mm, púrpura. Achenes obovoide, 5 mm; pappus acastanhado.

Fl. e Fr: abril-setembro

Espécime de registo: Kathmandu, Sundarijal, Ganeshsthan, 1700 m, 1 de agosto de 2007, S. Singh 252, (TUCH). Em lugares abertos e húmidos, comum.

Nome local: Thakal

Distribuição: Nepal (WCE., 1400-3500 m); Afeganistão, Paquistão (Chitral), Himalaias, China.

Conyza Lessing

Ervas anuais ou perenes. Folhas alternas, simples, inteiras ou com dentes grosseiros, com 3 lóbulos ou pinadas. Capitulo corimboso ou paniculado, disciforme ou com ligulas minúsculas. Involucro campanulado, por vezes contraído acima, 2-3-seriado; filários estreitos, imbricados. Recetáculo plano ou convexo, nu. Flores exteriores femininas, geralmente numerosas; corolas filliformes, por vezes com ligulas minúsculas. Flores internas bissexuais, tubulares-campanuladas, geralmente com 5 dentes. Achenes comprimidos; pêlos do pappus 1-seriados, fundidos num anel na base.

Chave para as espécies

Caule pubescente, folhas remotamente serrilhadas ----------------------*C Canadensis*

Caule esparsamente pubescente, folhas serrilhadas na metade superior *C japonica*

Caule glabro, folhas quase inteiras *C stricta*

Conyza Canadensis (L.) Cronquist, *Bull. Torry. Bot. Club* **70**: 632 (1943). Hara e Williams, *Enum. Fl. Nep.* **3** : 21 (1982); Grierson e Long, *Fl. Bhu.* **2**(3): 1546 (2001); Press et al. *Ann. Check. Fl. Pl. Nep.*: 56 (2000).

Anual ou bienal; caules até 1 m, pubescentes. Caules superiores, folhas e inflorescência verde-amarelados. Folhas lineares, 2-8 x 0,2-0,75 cm, agudas, gradualmente atenuadas na base, a maior parte das folhas remotamente serrilhadas, Capitula paniculada, cilíndrica, não sobrepujada por inflorescência lateral; involucros com 2 mm de diâmetro, pouco contraídos na parte superior. Filários 3-seriados, linear-lanceolados. Corolas femininas de 3 mm, incluindo a lígula elíptica; corolas bissexuais de 3 mm com 4 dentes; pappus branco sujo, estramíneo ou acastanhado apenas.

Fl. e Fr: março-agosto

Espécime de registo: Katmandu, Sundarijal, Ganeshsthan, 1800 m, 8 de agosto de 2008, S. Singh 293, (TUCH). Em lugares abertos e húmidos, comum.

Distribuição: Nepal (WCE., 450-2500 m); Cosmopolita.

Conyza japonica (Thunb.) Less. ex DC. *Prodr.* **5**: 382 (1836).). Hara e Williams, *Enum. Fl. Nep.* **3** : 21 (1982); Grierson e Long, *Fl. Bhu.* **2**(3): 1544 (2001); Press et al. *Ann. Check. Fl. Pl. Nep.*: 56 (2000).

Planta anual até 30 cm, esparsamente espalhada, pubescente. Folhâs oblanceoladas, 2-6 x 0,75- 1,5 cm agudas, atenuadas na base, serrilhadas na metade superior; folhas basais com pecíolo até 2 cm, folhas caulinares sésseis. Capitulos vários em corimbos terminais compactos. Involucros com 3-5 mm de diâmetro; filários 2-3 seriados, lanceolados. Flores de cor branca suja. Corolas femininas eliguladas, 1,5 mm. Corolas bissexuais 2,5 mm. Aquénio obovoide, 1 x 0,5 mm; pappus branco ou avermelhado.

Fl. e Fr: março-agosto

Espécime de registo: Katmandu, Sundarijal, Ganeshsthan, 1800 m, 8 de agosto de 2008, S. Singh 289, (TUCH). Em lugares abertos e húmidos, comum.

Utilizações: As cabeças das flores são utilizadas para fazer marcha, um bolo de fermentação a partir do qual se destila o licor.

Distribuição: Nepal (WCE., 600-2600 m); Afeganistão, Paquistão, Índia, Himalaias, Myanmar, Tailândia, Indo-China, China, Japão.

Conyza stricta Willd., Sp. Pl. **3**: 1922 (1803) var. **stricta** Hara e Williams, *Enum. Fl. Nep.* **3** : 21 (1982); Press et al. *Ann. Check. Fl. Pl. Nep.*: 56 (2000).

Planta anual até 70 cm. Folhas lineares, simples, sésseis, inteiras. Capitulos numerosos em corimbos terminais densos. Involucro com 1,5-2 mm de diâmetro; filárias 2-3 seriadas, lanceoladas. Flores amareladas. Corolas femininas eliguladas, c 1,2 mm. Corolas bissexuais 1,5 mm. Achenes obovóides; pappus caduco, esbranquiçado.

Fl. e Fr: março-agosto

Espécime de registo: Katmandu, Sundarijal, Ganeshsthan, 1850 m, 8 de agosto de 2008, S. Singh 530, (TUCH). Em lugares abertos e húmidos, comum.

Distribuição: Nepal (WCE., 600-2000 m); África, Ásia Ocidental, Índia, Himalaias, Myanmar.

Crassocephalum crepidioides (Benth.) S. Moore. J Bot. **50**: 211 (1912). Hara e Williams, *Enum. Fl. Nep.* **3** : 22 (1982); Grierson e Long, *Fl. Bhu.* **2**(3): 1597 (2001); Press et al. *Ann. Check. Fl. Pl. Nep.*: 56 (2000).

Erva anual erecta até 1 m, caule esparsamente pubescente. Folhas alternas, simples, ovadas, irregularmente dentadas, 3-14 x 1-5 cm, acuminadas, base atenuada. Capitulo paniculado, discoide, terminal e das axilas das folhas superiores; poucos capitulos. Involucro com cerca de 5 mm de diâmetro; filárias lineares. Corolas 8-10 mm, amarelo-avermelhadas. Aquénios oblongos, com 8-10 nervuras; pappus branco.

Fl. e Fr.: A maior parte do ano.

Espécime de registo: Kathmandu, Sundarijal, Ghatti khola, 1500 m, 8 de junho de 2007, S. Singh 35, (TUCH). Tanto em lugares abertos como à sombra, comum.

Nome local: Namle jhar

Distribuição: Nepal (CE., 400-1900 m); Pantropical.

Cyathocline purpurea (Buch.-Ham. ex D. Don) Kuntze, *Rev. Gen. Pl.* **1**: 333 (1891). Hara e Williams, *Enum. Fl. Nep.* **3** : 24 (1982); Grierson e Long, *Fl. Bhu.* **2**(3): 1528 (2001); Press et al. *Ann. Check. Fl. Pl. Nep.*: 57 (2000). *Tanacetum purpureum* Buch.-Ham. ex D Don, *Prodr. Fl. Nep.* 181 (1825).

Erva aromática anual, erecta, até 70 cm, caules cobertos por uma mistura de pêlos glandulares curtos e menos pêlos eglandulares longos. Folhas irregularmente pinadas, alternas, sésseis, 2-7 x 1-3, com 3-6 pares de segmentos primários. Capitulos em corimbos terminais, disciformes. Involucros amplamente campanulados, filários estreitamente elípticos com margens escariosas. Recetáculo em forma de taça no centro. Corola arroxeada. Corolas femininas filliformes, c 1,2 mm. Corolas masculinas c 1,7 mm. Achenes elipsoides.

Fl. e Fr.: A maior parte do ano.

Espécime de registo: Kathmandu, Sundarijal, Ghatti khola, 1500 m, 8 de junho de 2007, S. Singh 546, (TUCH). Em lugar aberto ou à sombra, ocasião.

Nome local: Galphule ghar

Distribuição: Nepal (WCE., 600-1800 m); Himalaias (Caxemira ao Butão), Índia, China, Myanmar, Tailândia, Indochina.

Dichrocephala integrifolia (L. f.) Kuntze, *Rev. Gen. Pl.* **1**: 333 (1891) subsp. **integrifolia** Hara e Williams, *Enum. Fl. Nep.* **3** : 25 (1982); Press et al. *Ann. Check. Fl. Pl. Nep.*: 58 (2000).

Erva anual até 80 cm, pubescente. Folhas alternas, lira, 3-10 x 1,5-4 cm, agudas, atenuadas na base, pecioladas, grosseiramente dentadas. Capitulo pequeno, globoso, disciforme, em panícula solta nas extremidades dos ramos. Involucros c 2-seriados; filários subiguais. Corolas femininas esbranquiçadas, c 0,5 mm, tubulares. Corolas bissexuais c 1 mm, amareladas, tubulares-campanuladas, com 4 dentes. Achenes obovóides, c 1 mm; pappus ausente.

Fl. e Fr: maio-setembro

Espécime de registo: Katmandu, Sundarijal, 1900 m, 8 de agosto de 2008, S. Singh 271, (TUCH). Em lugar aberto e também em lugar sombreado, ocasião.

Nome local: Chhyun jhar, hachitu

Distribuição: Nepal (WCE., 800-3000 m); Ásia e África tropicais e subtropicais, Ilhas do Pacífico.

Eclipta prostrada (L.) L., *Mant. Pl.* **2**: 266 (1771). Hara e Williams, *Enum. Fl. Nep.* **3** : 25 (1982); Grierson e Long, *Fl. Bhu.* **2**(3): 1623 (2001); Press et al. *Ann. Check. Fl. Pl. Nep.*: 58 (2000).

Erva anual, caule até 50 cm, branco estrigiloso. Folhas elíptico-lanceoladas, 1,5-5,5 x 0,3-1 cm, simples, opostas, subsésseis, agudas, atenuadas na base, obscuramente serrilhadas, estrigilosa em ambas as superfícies. Capitulo pequeno, terminal e nas axilas superiores das folhas, radiado. Involucros obcónico-campanulados; filários 2-seriados, ovados. Flores do raio numerosas, femininas, corola branca, tubo curto, ligulado, lígula pequena, espalhada, branca. Flores do disco bissexuais, corola tubular, campanulada, 4 lóbulos. Aquénio comprimido, com uma nervura central de cada lado, pappus de duas escamas fracas, 0,25 mm, enegrecido.

Fl. e Fr: fevereiro-setembro

Espécime de registo: Kathmandu, Sundarijal, 1800 m, 8 de agosto de 2008, S. Singh 286, (TUCH). Em local aberto e húmido, ocasião.

Nome local: Aali jhar

Utilizações: Os rebentos e as folhas tenras são cozinhados como vegetais.
Distribuição: Nepal (WCE., 200-1200 m); Pantropical.

Galinsoga quadriradiata Ruiz & Pav., *Syst. Veg.* **1**: 198 91798).). Hara e Williams, *Enum. Fl. Nep.* **3** : 28 (1982); Press et al. *Ann. Check. Fl. Pl. Nep.*: 59 (2000).

Erva anual, erecta, híspida e pilosa, caules até 75 cm. Folhas simples, opostas, 2-6 x 0,7-2 cm, acuminadas, atenuadas na base, crenado-serrilhadas, peludas em ambas as superfícies. Capitulo radiado em grupos cimosos. Involucro2-seriado; filárias herbáceas. Flores do raio femininas; tubo da corola alargado, lígulas obovado-quadradas, brancas, trilobadas. Flores do disco bissexuais; corola fracamente tubular-campanulada, 5 lóbulos, amarela. Achenes obcónicos, enegrecidos; pappus de c 15-20 escamas lanceoladas fimbriadas.

Fl. e Fr: maio-outubro

Espécime de registo: Katmandu, Sundarijal, 1450 m, 2 de junho de 2008, S. Singh 595, (TUCH). Em local aberto e húmido, ocasião.

Distribuição: Nepal (C., 1400-1700 m); Cosmopolita.

Gnaphalium affine D Don, *Prodr. Fl. Nep.* 173 (1825). Hara e Williams, *Enum. Fl. Nep.* **3** : 29 (1982); Press et al. *Ann. Check. Fl. Pl. Nep.*: 60 (2000).

Erva anual que se espalha, caule até 40 cm, ramificado desde a base, esbranquiçado e tomentoso. Folhas simples, alternas, inteiras, sésseis, espatuladas, com tomentose esbranquiçada em ambas as superfícies. Capitulo disciforme, em corimbos densos. Involucros campanulados; filários 3-4 seriados, amarelos. Flores marginais femininas, numerosas, filiformes. Flores internas bissexuais, poucas, corolas estreitamente tubulo-campanuladas, 5-dentadas. Corolas amarelas. Achenes oblongos; pappus simples, tão longo como as corolas.

Fl. e Fr: março-novembro

Espécime de registo: Kathmandu, Sundarijal, Damp Pokhari, 1670 m, 2 de junho de 2007, S. Singh 22, (TUCH). Em local aberto, ocasião.

Nome local: Kairo jhar

Distribuição: Nepal (WCE., 600-3700 m); Índia, Himalaia, Myanmar, Tailândia, Indo-China, Java, China, Japão.

Gynura cusimbua (D. Don) S. Moore. J. Bot. **50**: 212 (1912). Hara e Williams, *Enum. Fl. Nep.* **3** : 29 (1982); Press et al. *Ann. Check. Fl. Pl. Nep.*: 60 (2000). *Cacalia cusimbua* D Don, *Prodr. Fl. Nep.* 179 (1825).

Erva perene, caule ereto, subglabro, até 1 m. Folhas simples, alternas, 4-15 x 1-4 cm, oblanceoladas, pecioladas, irregularmente dentadas, acuminadas, base atenuada. Capitulos numerosos, discoides, até 2 cm de comprimento, amarelos em corimbos terminais. Involucro cilíndrico; filárias 10-14, lineares com margens escariadas. Corolas com 5 dentes. Achenes oblongos, com nervuras; pappus branco.

Fl. e Fr: abril-julho

Espécime de registo: Kathmandu, Sundarijal, Damp Pokhari, 1670 m, 2 de junho de 2007, S. Singh 548, (TUCH). Em local aberto e húmido, ocasião.

Distribuição: Nepal (CE., 1500-2500 m); Índia, Himalaias (Uttar Pradesh a Arunachal Pradesh), Myanmar, Tailândia, W. China.

Inula cappa (Buch.-Ham. ex D. Don) DC., Prodr. **5**: 469 (1836). Hara e Williams, *Enum. Fl. Nep.* **3** : 30 (1982); Press et al. *Ann. Check. Fl. Pl. Nep.*: 61 (2000). *Conyza* *cappa* Buch.-Ham. ex D. Don, *Prodr. Fl. Nep.* 176 (1825).

Arbusto, ramos densamente vilosos e sedosos, até 2 m. Folhas simples, alternas, 6-13 x 2,5-4 cm, espessas, coriáceas, pouco pedunculadas, oblongo-lanceoladas, remotamente serrilhadas, esbranquiçadas por baixo. Capitula radiate in dense corymbs. Involucro 6-seriado; filárias lanceoladas, tomentosas. Flores amarelas; as femininas são poucas, corolas marginais geralmente 4,5-5,3 mm, tubulares. Flores do disco bissexuais, tubulares-campanuladas, 5-dentadas, 4,7-6 mm. Achenes oblongos, com nervuras; pappus esbranquiçado.

Fl. e Fr: setembro-março

Espécime de registo: Kathmandu, Sundarijal, 2100 m, 3 de outubro de 2008, S. Singh 497, 131, (TUCH). Em lugares abertos e sombreados, ocasião.

Nome local: Gaitihare, tihare phul

Utilizações: A planta é utilizada para fazer marcha, um bolo de fermentação a partir do qual se destila o licor. Tem também valor religioso e é oferecida à deusa Laxmi durante o Deepawali.

Distribuição: Nepal (WCE., 150-2500 m); Índia, Himalaias (Uttar Pradesh até Butão), NE da Índia até à China, Tailândia, Java

Myriactis nepalensis Less., Linnaea **6**: 128. t. 2F (1831). Hara e Williams, *Enum. Fl. Nep.* **3** : 35 (1982); Grierson e Long, *Fl. Bhu.* **2**(3): 1529 (2001); Press et al. *Ann. Check. Fl. Pl. Nep.*: 63 (2000).

Erva anual erecta, caules até 60 cm, caules finamente apressados e pubescentes. Folhas simples, alternas, sésseis, 2-6 x 0,7-1 cm, elípticas, agudas, grosseiramente serrilhadas. Inflorescência de poucos capítulos numa panícula de folhas abertas. Capitulo radiado, pedúnculos delgados. Involucro globoso; filários 2-4 seriados. Flores do raio femininas, brancas, lígulas ovadas, 0,8-1 x 0,5-0,6 cm. Flores do disco bissexuais, amarelas, tubulares-campanuladas, com 5 dentes, corolas de 1-1,2 mm. Achenes obovate; pappus ausente.

Fl. e Fr: junho-novembro

Espécime de registo: Nuwakot, Kakani, 2200 m, 15 de agosto de 2008, S. Singh 335, (TUCH). Em local aberto, ocasião.

Nome local: Thuke phul

Distribuição: Nepal (WCE., 1400-3900 m); Cáucaso, Irão, Turquestão, Afeganistão, Himalaias, China Ocidental, Tailândia, Indochina, Indonésia.

Picris hieracioides subsp. **kaimaensis** Kitam, *Ata. Phytotax. Geobot.* **8(2)**: 127 (1939). Hara e Williams, *Enum. Fl. Nep.* **3** : 36 (1982); Press et al. *Ann. Check. Fl. Pl. Nep.*: 64 (2000).

Erva anual, híspida, erecta, até 80 cm. Folhas simples, folhas inferiores pedunculadas, oblanceoladas, dentadas, folhas superiores mais curtas, oblongas, sésseis, obtusas, atenuadas na base. Inflorescência solta, corimbosa. Capitulo ligulado. Involucros estreitamente campanulados; todos os filários são híspidos ao longo da quilha. Corola hirsuta exteriormente na garganta, 4-5 mm, com a lígula a ultrapassar o tubo. Ramos estilares lineares. Achenes elipsóides, com 5 nervuras; pappus plumoso, esbranquiçado.

Fl. e Fr: maio-outubro

Espécime de registo: Nuwakot, Kakani, 2200 m, 15 de agosto de 2008, S. Singh 544, (TUCH). Em local aberto, ocasião

Nome local: Ban dudhe

Distribuição: Nepal (WCE., 1800-3800 m); Himalaias, China, Coreia.

Rhynchospermum verticillatum Reinw., *Syll. Pl. Nov. Ratisbon.* **2**: 8 (1826). Hara e Williams, *Enum. Fl. Nep.* **3** : 36 (1982); Grierson e Long, *Fl. Bhu.* **2(3)**: 1530 (2001); Press et al. *Ann. Check. Fl. Pl. Nep.*: 64 (2000).

Erva perene erecta até 90 cm, finamente pubescente. Folhas simples, alternas, pouco pecioladas, 3-8 x 1-2 cm, lanceoladas, acuminadas, cuneadas na base, distantemente dentadas. Capitulo ,pequeno, radiado, ligulado, axilar, pouco pedunculado, frequentemente um em cada axila ao longo dos ramos. Involucro campanulado; filários

3-seriados. Flores do raio 2-seriadas, femininas, lígulas elípticas, brancas, 0,7 mm. Flores do disco bissexuais, poucas, tubulares, campanuladas, corolas de 2,5 mm; ramos estilares achatados com pontas obtusas. Aquénios comprimidos, bicudos; pappus com várias cerdas caduciformes fracas, esbranquiçadas.

Fl. e Fr.: agosto-outubro

Espécime de registo: Nuwakot, Kakani, 2200 m, 29 de agosto de 2008, S. Singh 532, 382 (TUCH). Em local com sombra, ocasião.

Distribuição: Nepal (C., 2000-2500 m); Índia, Himalaia, Myanmar, Indo-China, China, Ilhas Malásia, Japão.

Senecio cappa Buch.-Ham. ex D. Don, , *Prodr. Fl. Nep.* 179 (1825) var. **cappa**). Hara e Williams, *Enum. Fl. Nep.* **3** : 41 (1982); Press et al. *Ann. Check. Fl. Pl. Nep.*: 67 (2000).

Arbusto, glabro por baixo e cotanilhoso por cima, até 2 m. Folhas simples, alternas, 619 x 2-6 cm, amplamente elípticas, pecioladas, dentadas, acuminadas, base cuneiforme, pilosas por cima e cotanilhosas por baixo. Capitulos numerosos em corimbos axilares e terminais pouco pedunculados, radiados; invólucros campanulados; filários 1-seriados. Flores do raio até 20, lígulas amarelas. Flores do disco numerosas com corolas tubulares 5-fidas, amarelas. Achenes glabros; pappus branco.

Fl. e Fr: setembro-dezembro

Espécime de registo: Catmandu, Panimuhan, 1800 m, 14 de dezembro de 2007, S. Singh 128 (TUCH). Em encostas de floresta aberta, ocasião.

Distribuição: Nepal (CE., 1300-2900 m); NE da Índia, Himalaias (Nepal ao Butão), N. Myanmar, Sylhet, W. China.

Sigesbeckia orientalis L., *Sp. Pl.* 900 (1753).). Hara e Williams, *Enum. Fl. Nep.* **3** : 43 (1982); Grierson e Long, *Fl. Bhu.* **2**(3): 1614 (2001); Press et al. *Ann. Check. Fl. Pl. Nep.*: 68 (2000).

Erva anual erecta, caules até 1,5 cm, espalhados, esbranquiçados e pubescentes. Folhas simples, opostas, ovado-triangulares, 4-9 x 2-4 cm, agudas, cuneadas na base, irregularmente dentadas, densamente pubescentes em ambas as superfícies. Capitula radiata, pedunculada em panículas folhosas. Involucros campanulados, 2-seriados; filários exteriores oblanceolados, interiores oblongos. Flores do raio femininas, 1-seriadas, lígula curta, amarela. Flores do disco bissexuais, tubulares-campanuladas; corola 5-dentada; ramos estilares curtos, achatados, obtusos. Achenes curvos, pretos; pappus ausente.

Fl. e Fr: junho-dezembro

Espécime de registo: Katmandu, Sundarijal, Oodar Gaun 2100 m, 2 de junho de 2007, S. Singh 17, (TUCH). Em local húmido e ensolarado, ocasião.

Utilizações: Os rebentos jovens são utilizados como forragem.

Distribuição: Nepal (WCE., 400-2700 m); África, Índia, Himalaias, Myanmar, China, Malésia, S. Japão, Ocenia, Austrália.

Sonchus wightianus DC., *Prodr.* **7(1):** 187 (1838). Hara e Williams, *Enum. Fl. Nep.* **3** : 43 (1982); Grierson e Long, *Fl. Bhu.* **2**(3): 1480 (2001); Press et al. *Ann. Check. Fl. Pl. Nep.*: 68 (2000).

Erva perene até 140 cm, proveniente de rizoma alongado; caules e folhas glabros. Folhas alternas, simples, lanceoladas, 5-16 x 1-2 cm, agudas com aurículas arredondadas na base, denticuladas. Inflorescência terminal, aberta, cabeças corimbosas de poucos capítulos. Capitulo ligulado. Involucro campanulado, filárias internas lanceoladas, várias seriadas. Corola pilosa na parte externa da garganta; lígulas amarelas. Ramos do estilete lineares. Achenes estreitamente elipsoides, sem bico, com 5 nervuras. Pappus branco.

Fl. e Fr: abril-novembro

Espécime de registo: Kathmandu, Sundarijal, Oodar Gaun 1450 m, 2 de junho de 2007, S. Singh 6, 531 (TUCH). Em encostas, comum.

Distribuição: Nepal (WCE., 1100-2500 m); Afeganistão, Paquistão, Himalaias (Nepal ao Butão), NE da Índia, China.

Spilanthes calva DC., *Contr. Brit. Ind.:* 19 (1834). Hara e Williams, *Enum. Fl. Nep.* **3** : 45 (1982); Press et al. *Ann. Check. Fl. Pl. Nep.*: 69 (2000).

Erva anual, erecta ou ascendente, até 20 cm, esparsamente pilosa. Folhas opostas, simples, ovadas, pecioladas, 2-5 x 1-2 cm, agudas, atenuadas na base, irregularmente crenadas. Capitulo solitário num pedúnculo axilar ou terminal, disciforme. Involucro campanulado, 2-seriado, com cerca de 5 filários em cada verticilo. Flores do raio femininas, corolas 3-dentadas, amarelas. Flores do disco bissexuais, corolas amarelas, tubulares-campanuladas, 5-lobadas. Achenes achatados, cada um encerrado numa escama. Ausência de pappus.

Fl. e Fr: janeiro-setembro

Espécime de registo: Kathmandu, Sundarijal, Oodar Gaun 2050 m, 2 de junho de 2008, S. Singh 547 (TUCH). Em local húmido e com sombra, ocasionalmente.

Título da localidade: Lato ghans

Distribuição: Nepal (CE., 300-2300 m); Himalaias, Índia, Myanmar, Malásia.

Vernonia cinera (L.) Less., *Linnaea* **4:** 291 (1829). Hara e Williams, *Enum. Fl. Nep.* **3** : 47 (1982); Press et al. *Ann. Check. Fl. Pl. Nep.*: 71 (2000).

Erva anual até 75 cm. Folhas alternas, simples, pecioladas, 1-4 x 0,5-1 cm, lanceoladas, agudas, atenuadas na base, distantemente dentadas. Inflorescência terminal. Capitulo discoide, numeroso, branco.

Involucro campanulado; filárias linear-lanceoladas. Corolas brancas, com 5 dentes.

Achenes terete, revestidos de pêlos brancos comprimidos. Pappus esbranquiçado, 2-seriado.

Fl. e Fr: fevereiro-agosto

Espécime de registo: Kathmandu, Sundarijal, Oodar Gaun 1800 m, 1 de agosto de 2008, S. Singh 245, 280 (1900 m) (TUCH). Em sítio aberto e seco, comum.

Título da localidade: Marche jhar, phuli jhar

Utilizações: A planta em pó é utilizada para preparar a marcha, um bolo de fermentação a partir do qual se destila o licor.

Distribuição: Nepal (WCE., 100-2300 m); África Tropical, Ásia, Austrália.

Tabela. Lista de espécies de plantas, nome local, hábito, data de recolha, número de voucher, localidade e altitude, floração e frutificação e respectivas utilizações.

	Compositae							
1	**Adenostemma lavenia** (L.) Kuntze	Rato danthe ghans	Ela	8-Aug-08	290	Sundarijal, 1800 m	agosto-novembro	
2	**Ageratum conyzoides** L.	Ganhaaune jhar, Ilame jhar	Ela	2-Jun-07	9	Sundarijal, 1450 m	junho-outubro	M
3	**Ainsliaea aptera** DC.	Sahadeva sahadevi	Ela	8-Mar-07	175	Panimuhan, 1800 m	fevereiro-maio	
4	**Ageratina adenophora** (Spreng.) King & Robinson	Banmara	Ela	9-Mar-07	161	Panimuhan, 1800 m	março-outubro	M
5	**Anaphalis adanta** Wall. ex DC.	Buki phul	Ela	14-Dez-07	123	Panimuhan, 1800 m	dezembro-outubro	
6	**Anaphalis busua** (Buch.-Ham. ex D. Don) DC.	Boke ghans	Ela	15-Ago-08	331	Kakani, 2200 m	agosto-novembro	
7	**Anaphalis contorta** (D. Don) Gancho f		Ela	29-Ago-08	362	Kakani, 2180 m	agosto-novembro	
8	**Anaphalis margaritacea** (L.) Benth.		Ela	30-Ago-08	379	Kakani, 2200 m	abril-agosto	
9	**Anaphalis triplinervis** (Sims) C.B. Clarke	Boke ghans	Ela	25-Jul-07	104, 209	Panimuhan, 1900 m	Jul-Dez	
10	**Artemesia indica** Selvagem.	Tite pate	Ela	5-Set-08	398, 506	Kakani, 2200 m	agosto-outubro	Poi , M, Rel
11	**Aster tricephalus** C.B. Clarke		Ela	2-Jun-07	19	Sundarijal, 1750 m	abril-agosto	

12	**Bidens biternata** (Lour.) Merr. & Sheriff		Ela	8-Aug-07	266	Sundarijal, 1800 m	maio-dezembro	
13	**Bidens pilosa** L.	Kalo kuro, kuro, sinke kuro	Ela	9-Aug-07	33	Ganeshsthan, 1500 m	maio-dezembro	
14	**Cirsium wallichii** var. **glabratum** (Hook. f) Wendelbo	Thakal	Ela	1-Aug-07	252	Ganeshsthan, 1700 m	abril-setembro	
15	**Conyza canadensis** (L.) Cronquist		Ela	8-Aug-08	293	Ganeshsthan, 1800 m	abril-agosto	
16	**Conyza japonica** (Thunb.) Less. ex DC.	Salaha jhar	Ela	9-Aug-08	289	Ganeshsthan, 1800 m	março-agosto	Liq
17	**Crassocephalum crepidioides** (Benth.) S. Moore.	Namle jhar	Ela	8-Jun-07	35	Sundarijal, 1500 m	Através de	
18	**Cyathocline purpurea** (Buch.- Ham. ex D. Don) Kuntze	Galphule jhar	Ela	9-Jun-07	464	Sundarijal, 1500 m	Através de	
19	**Dichrocephala integrifolia** (L. f.) Kuntze	Chhyun jhar, hachitu	Ela	8-Ago-08	271	Sundarijal, 1900 m	maio-setembro	
20	**Eclipta prostrata** (L.) L.	Aali jhar	Ela	9-Aug-08	286	Sundarijal, 1800 m	Fev-Set	Veg, Rel
21	**Galinsoga quadriradiata** Ruiz & Pav.		Ela	2-Jun-08	595	Sundarijal, 1450 m	maio-outubro	
22	**Gnaphalium affine** D. Don	Kairo jhar	Ela	2-Jun-07	22	Sundarijal, 1670 m	Mar-Nov	
23	**Gynura cusimbua** (D. Don) S. Moore.		Ela	2-Jun-08	548	Sundarijal, 1700 m	abril-Jul	
24	**Inula cappa** (Buch.-Ham. ex D. Don) DC.	Gaitihare, tihare phul	Arrepiar	3-outubro-08	131, 497	Sundarijal, 2100 m	setembro-março	M, Liq, Rel

41

25	**Myriactus** **nepalensis** Less.	Thuke phul	Ela	15-Ago-08	335	Kakani, 2200 m	Jun-Nov	
26	**Picris hieracioides subsp kaimaensis Kitam**	Ban dudhe	Ela	16-Aug-08	544	Kakani, 2200 m	maio-outubro	
27	**Rhynchospermum verticillatum Reinw.**		Ela	29-Ago-08	382, 532	Kakani, 2200 m	agosto-outubro	
28	**Senecio cappa Buch.-Ham. ex D. Don**		Arrepiar	14-Dez-07	128	Panimuhan, 1800 m	setembro-dezembro	
29	**Sigesbeckia orientalis L.**		Ela	2-Jun-07	17	Oodar Gaun, 2100 m	junho-setembro	Fo
30	**Sonchus wightianus DC.**		Ela	3-Jun-07	6, 531	Oodar Gaun, 1450 m	abril-novembro	
31	**Spilanthes calva DC.**	Lato ghans	Ela	2-Jun-08	547	Oodar Gaun, 2050 m	Jan-Set	
33	**Vernonia cinera (L.) Less.**	Marche jhar, phuli jhar	Ela	1-Aug-08	245, 280	Oodar Gaun, 1800 m	Fev-Ago	FC

Fotografias

Ageratum conyzoides

Anaphalis busua

Anaphalis margaritacea

Anaphalis triplinervis

Cyathocline purpurea

Gnaphalium affine

Inula cappa

Senecio cappa

Referências

Anónimo. 2004. *Plano de gestão do Parque Nacional de Shivapuri*. King Mahendra Trust for Nature Conservation.

Bentham, G. e Hooker, J.D. 1862-1883. *Genera Plantarum*, 3 vols. Londres.

Bista, M.S., Adhikari, M.K. e Rajbhandari, K.R. (eds.). 2001. *Flowering plants of Nepal (Phanerogams)*. Departamento de Recursos Vegetais, Katmandu, Nepal.

Bhuju, U.R., Shakya, P.R., Basnet, T.B. e Subha, S. 2007. *Nepal Biodiversity Resource Book. Protected Areas, ramsar Sites and World Heritage Sites*. Publicado pelo Centro Internacional para o Desenvolvimento Integrado das Montanhas (ICIMOD), Ministério do Ambiente, Ciência e Tecnologia (MOEST), Governo do Nepal (GON).

BPP (Projeto de Perfil da Biodiversidade). 1995. Biodiversity Profile of the Terai/Siwalik Physiographic Zones (Perfil da Biodiversidade das Zonas Fisiográficas Terai/Siwalik). Projeto de Perfil da Biodiversidade, Publicação nº 12, *Departamento de Parques Nacionais e Conservação da Vida Selvagem*, Katmandu, Nepal.

Chaudhary, R.P. 1998. *Biodiversity in Nepal: Status and Conservation*. S. Devi, Saharanpur (U.P.), Índia e Tecpress Books, Banguecoque, Tailândia.

Cronquist, A. 1981. *An integrated system of classification of Flowering Plants (Um sistema integrado de classificação das plantas com flor)*. Columbia University Press, Nova Iorque.

Don, D. 1825. *Prodromus Florae Nepalensis*, Londres.

DPR. 1999. *Flora do Nepal*. Projeto de implementação da Flora do Nepal do Plano de Trabalho Nacional do Nepal. Governo de Sua Majestade do Nepal, Ministério das Florestas e da Conservação do Solo, Katmandu, Nepal.

Fleming, R.L. Jr. 1973. *The General Ecology, Flora and Fauna of Midland Nepal*. Centro de Desenvolvimento Curricular, Universidade de Tribhuvan, Katmandu, Nepal.

Grierson, A.J.C. e Long, D.G. 2001. *Flora of Bhutan*. Vol. 2, Parte III. Royal Botanic Garden, Edinburgh.

Hagen, T. 1960. *A brief survey ofgeology of Nepal*. United Nations Commissioner for technical consistence, Department of Economic and Social affairs, preparado para o Governo do Nepal

Hara, H. 1966. *The Flora of Eastern Himalaya*. University of Tokyo Press, Tóquio.

Hara, H. 1971. *The Flora of Eastern Himalaya*, II Report. University of Tokyo Press, Tokyo (Uni. Mus., Tokyo, Bull. No. 2).

Hara, H., Stearn, W.T., Williams, L.H.J. 1978. *An Enumeration of the Flowering Plants of Nepal*, Vol. 1. Trustees of British Museum (Natural History), Londres.

Hara, H. e Williams, L.H.J. 1979. . *An Enumeration of the Flowering Plants of Nepal*, Vol. 2. Trustees of British Museum (Natural History), Londres.

Hara, H. e Williams, L.H.J. 1982. *An Enumeration of the Flowering Plants of Nepal*, Vol. 3. Trustees of British Museum (Natural History), Londres.

HMGN/MFSC. 2002. *Estratégia de Biodiversidade do Nepal*. Governo de Sua Majestade do Nepal.

Hooker, J.D. 1872-1897. *A Flora da Índia Britânica*. Vols. 1-7. Reev and Company, Londres.

Hutchinson, J. 1959. *The families of Flowering Plants* (Sec. Ed.) 2 vols. Oxford University Press. Amen House, Londres E.C. 4.

Malla, S.B., Shrestha, A.B., Rajbhandari, S.B., Shrestha, T.B., Adhikari, P.M. e Adhikari, S.R. 1973. *Flora de Nagarjun*. Departamento de Plantas Medicinais, HMG Nepal, Katmandu.

Malla, S.B., Shrestha, A.B., Rajbhandari, S.B., Shrestha, T.B., Adhikari, P.M. e Adhikari, S.R. 1976. *Flora de Lantang e levantamento da vegetação em secção transversal (Zona Central)*. Boletim. Dept. Med. Plants, Nepal No. 6, Dept. of Med. Plants, HMG Nepal, Kathmandu.

Malla, S.B., Shrestha, A.B., Rajbhandari, S.B., Shrestha, T.B., Adhikari, P.M. e Adhikari, S.R. 1986. *Flora of Kathmandu Valley*. Bula. Dept. Med. Plants, Nepal No.

11, Dept. of Med. Plants, HMG Nepal, Kathmandu.

Manandhar, N.P. 1980. *Medicinal Plants of Nepal Hmalaya*. Ratna Pustak Bhandar, Bhotahity, Kathmandu.

Mani, M.S. 1984. Himalayan Zones and Vegetation. *Nepal Nature's Paradise*. Ed. T.C. Majupuria White Lotus Ltd. Banguecoque.

Pande, N. 2006. Joshi, R. 2010. *Flora do Nepal*. Vol. 2 Parte 3. Publicado por Government of Nepal Department of Plant Resources Thapathali, Kathmandu Nepal.

Pande, P.R. 1967a. *Chaves para os géneros Dicot no Nepal. Parte 1, Polypetalae*. Departamento de Plantas Medicinais, HMG. Nepal, Kathmandu.

Press, J.R., Shrestha, K.K. e Sutton, D.A. 2000. *Annotated Checklist of the Flowering Plants of Nepal (Lista de controlo anotada das plantas com flor do Nepal)*. The Natural History Museum, Londres e Departamento Central de Botânica, Universidade de Tribhuvan, Nepal.

Press, J.R., Shrestha, K.K. e Sutton, D.A. 2005. *Annotated Checklist of the Flowering Plants of Nepal* (revisto e atualizado) [www.Efloras.Org; www.florafnepal.org].

Shani, K.C. 1981. Panorama botânico dos Himalaias Orientais. *The Himalaya Aspects of change*. Ed. J.S. Lal, pp. 32-44. Oxford University Press, Nova Deli, Índia.

Shrestha, T.B. 1998. Plant Conservation in Nepal. A country Paper Presented in India Subcontinent Plant Specialist group meeting at Corbett National park, India, 7-9 January 1998.

Singh, S.S. e Siwakoti, M. 2009. Estudo etnomedicinal do povo Tamang do Parque Nacional de Shivapuri e das suas áreas adjacentes do distrito de Katmandu. *BIOZONE International Journal of Life Science*, 1(2): 131-143.

Singh, K.K. 1997. *Flora do parque nacional de Dudhwa (distrito de Kheri, U.P.)*. Bishen Singh Mahendra Pal Singh, Dehradun, Índia.

Stainton, A. 2001. *Flowers of the Himalaya- A supplement*. Oxford University Press, Nova Deli.

Suwal, P.N. 1969. *Flora de Phulchoki e Godawari*, Departamento de Plantas Medicinais, HMG. Nepal, Kathmandu.

48

Printed by Books on Demand GmbH, Norderstedt / Germany